幸福餃子館

簡單。天然。純素。

Joy Dumpling House

張翡珊 著　周禎和 攝影

自己就是一本活食譜

　　我生長在雨都基隆，從小就不愛讀書，好不容易完成高職學業後，在因緣際會下意外地學了一技之長：中餐烹調。初次踏入餐飲界，從外場打雜開始，一路學習內場採買、烹飪，甚至到最後的成本分析，轉眼間竟然就過了十六年。在學習廚藝的期間，有幸遇到許多貴人願意傾囊相授，讓我得以學到紮實的基本功。基於「沒有學歷，也要有實力」的信念，我咬緊牙根花了六年時間，在不斷努力與磨鍊下，終於取得中餐乙級葷食與中餐乙級素食兩張證照。這幾年，又繼續努力考中式麵食發麵類丙級證照。

　　由於宗教的因素，我開始接觸到素食的領域。每次參與大型的齋僧大會及法會，由於我的烹調專長，常被分配到香積組負責處理活動期間的伙食問題。我在幫忙時，常百思不解地問廚房的資深老義工：「為什麼素食這麼油？為什麼加工品那麼多？為什麼常常油炸？」

　　老義工的回答是：「小孩子，煮就對了，不要問那麼多！」

　　由於我一直都在餐飲界服務，從葷食、素食到生機飲食，從廚師工作到講師教學，從餐廳實務到餐飲理論，都相當熟悉。但是在素食這一領域，我仍然在持續學習與思索，從宗教素、健康素到最近新話題的環保素，一直在苦思如何以最簡單的方式，藉由素食把各種健康食材的美味呈現出來。

　　這幾年來，我在有機店與其他團體講課，主要面對的是癌症病患、家庭主婦、職業婦女或單身族的共同問題：如何烹調，才能保有美味且營養不流失？如何調配菜色，改變家人的不良飲食習慣？

雖然我設計的菜單，幫助大家先從葷食改為素食，改變吃肉的習慣，但是傳統素食的菜色往往太油膩、加工品太多，雖然改變了飲食內容，但並沒改掉烹調方式與重口味習慣。此外，由於生機飲食的菜色通常都過於生冷，因此一般人也不容易接受。

　　蔬食料理是介於素食與生機飲食中間的料理方式，不只適用於宗教團體的一般素食料理，更是值得普遍推廣於社會大眾的新飲食方式。簡單烹調飲食是保持健康的不二法門，可讓營養均衡完整，避免飲食過量與調味過度。粗食、全食、清淡、天然、自然、不過度烹調、不用過量調味料、不讓身體有負擔的飲食，保住原有菜根香、菜根甜。

　　我的烹飪教學理念，強調低鹽、低糖、低油、高纖維的新健康飲食觀念。透過食材、刀工、烹調方法的示範與實際練習，引導學生學習如何呈現食物的天然原味，將蔬食調理的概念落實於每個家庭。因此，我常告訴學生們說：「不要背食譜。」煮飯做菜不難，料理的難度到底難在哪裡？了解食材的特性與適當的烹調方式，這兩者才是學習關鍵與認知重點所在。了解之後，其實就不需要食譜，可以隨心所欲發揮，反而能有更多變化。

幸福餃子館

我和學生們在課程中，共同學習以隨手可得的天然食材，包括蔬菜類、水果類、根莖類、堅果類、五穀雜糧類、調味料類……，由淺入深，從實務操作中，用簡單料理法、極少調味料，保留食材原味，用刀工來呈現料理美感。做菜可以用很自在的心境自由發揮，而不是一成不變地學習。

　　「法提」是承天禪寺的道求師父給予我的法名，烹飪也是一種「法」，「提」則是指真誠與用手提起責任便是之意。意思就是，要用法布施做對的事情。我因此創辦了「法提健康蔬食坊」，希望善法、善緣、善行、善相續，共同集合眾人的力量，為健康蔬食而努力。既然選擇了將法提起，就從此再也不會放下了，這已成為我的料理原動力。

　　很多學生來向我學料理的原因，說是不會做菜。其實，每個人都是一本活食譜，不同的人生有各自酸甜苦辣的體會與應變方式，只要有心做菜，一定能找到自己的料理之道。寫作這本餃子食譜，並非希望這些常見卻少做的料理內容，成為傳世作品，而是期盼大家能發現到日常食材的原味之美與變化方法，如此，您也會創作出屬於您的創意餃子！

本書使用計量單位

　　汆燙綠色蔬菜、竹筍抹鹽所需加的⅓小匙鹽，軟化蔬菜去除水分所需加的½小匙鹽，以及攪拌豆包所需加的1小匙鹽，不另寫於調味料計量中。

- 1大匙（湯匙）＝15cc（ml）＝15公克　　● 1小匙（茶匙）＝5cc（ml）＝5公克
- 1杯（量米杯）＝220公克

CONTENTS 目錄

Part 2. 超人氣餃子

Part3. 新風味餃子

Part5. 美味沾醬

處理沾醬要領

Part4. 幸福餃子餐

幸福
餃子館

Part 1. 開心包餃子

● 做麵糰　● 做麵皮　● 包餃子　● 煮餃子

做麵糰

【麵糰種類】

冷水麵麵糰

所謂的冷水麵麵糰，是指用30°C以下冷水攪拌揉成的麵糰，這種麵糰的蛋白質沒有產生熱變性，經過反覆揉拌後，麵糰的延展性和彈性會不斷增強。由於筋性強，吃起來較有嚼勁，適合製作炸、煮類的料理，如水餃、麵條等。

做法 1 將300公克中筋麵粉倒入盆內，先加入½小匙鹽。
2 加入150cc冷水，用手攪拌均勻。
3 用手將材料攪拌成糰即可。
4 完成。

燙麵麵糰

所謂的燙麵麵糰，是指加入滾水攪拌揉成的麵糰，由於這種麵糰的蛋白質已經產生變性，澱粉糊化，筋性較差，所以麵糰較柔軟，易造形包捏，且不易走樣，適合製作蒸、煎類的料理，如蒸餃、餡餅等。

做法 1 將300公克中筋麵粉倒入盆內，加入150cc滾水。
2 用擀麵棍攪拌至成雪花片狀後，再加入30cc冷水。
3 用手將材料攪拌成糰即可。
4 完成。

【 揉麵技巧與擀麵皮方法 】

 攪拌

乾性原料（粉類、鹽）與濕性原料（水、蒸熟的根莖類）一起攪拌均勻，是製作麵食的第一步驟，也是基本過程。麵糰經過反覆拌揉成糰，需要注意吸水量，使原料均勻混合而至三光（麵糰光滑、手光滑、盆光滑）。

 鬆弛

又稱醒麵，目的是使揉拌好的麵糰有時間充分吸收水分，使麵筋結構加強，靜置時間約20分鐘即可。因麵糰接觸空氣會變乾，建議麵糰上面可以鋪上濕布或以容器倒扣。

 搓長

雙手手掌以掌根的力量前後滑動，將麵糰往左右兩側延展，搓成長條形，用刀子切成兩條，再次搓成長條，此時稱重，即知可做成幾張水餃皮。

 分割

將長條麵糰切分成每個約10公克重，整成圓形，用手壓扁。

 擀皮

以擀麵棍擀成「中間厚、旁邊薄」的圓麵皮，直徑約8公分。

 包餡

皮與餡的比例為1：1，例如皮重10公克，則餡也應重10公克。

 成形

可捏成多種形式，例如：彎月形、元寶形、葉子形……。

做麵皮

【麵皮種類】

麵皮的製作祕訣是「宜細不宜粒」，添加不同天然食材而製成的五顏六色麵皮，既可以增加視覺效果，又可添加營養與風味。在製作的過程中，水量會影響麵皮的軟硬度，添加的食材是為了讓麵皮上色，其本身的味道不能太重，否則會影響到餡料味道、麵皮嚼勁。天然食材裡有很多都可以用於水餃皮上，只要了解食材是否容易吸水（例如芋頭）還是出水（例如南瓜），掌控好原則即可得心應手來做餃子皮。

粉 類

例如：咖哩粉、綠藻粉、黑芝麻粉……。咖哩粉與綠藻粉由於味道重，添加少許讓顏色能呈現出來即可，勿添加太多，以免影響到餡料味道。因為粉類用量不是很多，所以水分用量便不需增加。

咖哩粉：

材料 咖哩粉4公克、中筋麵粉300公克、鹽½小匙

做法 1 將中筋麵粉放入盆內，先加入鹽與咖哩粉，加入150cc冷水，再用筷子攪拌均勻混合。
2 用手將材料慢慢揉拌成糰。

綠藻粉：

材料 綠藻粉3公克、中筋麵粉300公克、鹽½小匙

做法 同上，材料改放綠藻粉。綠藻不建議加多，因為其顏色深、味道較重。

黑芝麻粉：

材料 黑芝麻粉5公克、中筋麵粉300公克、鹽½小匙

做法 同上，材料改放黑芝麻粉。

蕈 類

此處以黑木耳製作為例。蕈類以果汁機打到綿細後，會產生膠質，具有黏稠感但不易成糰，需要再多加約30cc的冷水，以慢揉、慢加水的方式，直至三光。

黑木耳：

材料 乾黑木耳15公克、中筋麵粉300公克、鹽½小匙

做法 1 將乾黑木耳泡開洗淨，用電鍋蒸熟，放涼。
2 蒸熟的黑木耳，加入150cc冷水，放入果汁機打細後，倒入盆內。
3 加入中筋麵粉與鹽，用手將材料慢慢揉拌成糰。

五穀雜糧類

例如：黑糯米、小米、綠豆仁、紅豆……。所有食材需先蒸熟，再取適量加水打勻，不用過濾，可直接與麵粉攪拌做成麵皮。此類食材蒸熟後本身就有水分，若需另外加水打細，水分就要減少，這樣與麵粉攪拌時才不會黏手。五穀雜糧如果比例重，麵粉就要加多一些。

黑糯米：

材料 黑糯米40公克、中筋麵粉300公克、鹽½小匙

做法 1 黑糯米洗淨加水，黑糯米和水的比例是1：1，浸泡6小時後，用電鍋蒸熟，放涼。
2 蒸熟的黑糯米，加入130cc冷水，用果汁機打成汁，倒入盆內。
3 加入中筋麵粉與鹽，用手將材料慢慢揉拌成糰。

紅豆：

材料 紅豆40公克、中筋麵粉300公克、鹽½小匙

做法 同上，材料改放紅豆。

小米：

材料 小米 40 公克、中筋麵粉 300 公克、鹽½小匙

做法 同上，材料改放小米。

綠豆仁：

材料 綠豆仁 40 公克、中筋麵粉 300 公克、鹽½小匙

做法 1 綠豆仁洗淨加水，綠豆仁和水的比例是1：1（不用浸泡），用電鍋蒸熟，放涼。
2 蒸熟的綠豆仁，加入130cc冷水，用果汁機打成汁，倒入盆內。
3 加入中筋麵粉與鹽，用手將材料慢慢揉拌成糰。

根莖類

例如：黃地瓜、南瓜、紫山藥……。根莖類蒸熟後會有水分，所以水分要減少，根莖類比例重，麵粉就要多加。做法均是去皮切片後，放入盤中，用電鍋乾蒸，外鍋加0.8量米杯水蒸熟，趁熱壓成泥，放涼後再與麵粉拌勻。水餃皮屬於冷水麵麵糰，所有食材不能高於30°C，熱度太高會產生糊化現象。

黃地瓜：

材料 黃地瓜80公克、中筋麵粉300公克、鹽½小匙

做法 1 黃地瓜洗淨去皮，切片放入盤中，用電鍋蒸熟後，趁熱取出壓泥，倒入盆內。

2 先加入中筋麵粉與鹽，再加入100cc冷水，用手將材料慢慢揉拌成糰。

紫山藥：

材料 紫山藥80公克、中筋麵粉300公克、鹽½小匙

做法 1 紫山藥去皮切薄片，放入果汁機，加入120cc冷水打勻，倒入盆內。

2 加入中筋麵粉與鹽，用手將材料慢慢揉拌成糰。

新鮮食材類

食材顆粒愈細愈好，麵粉加水揉拌成糰，擀薄麵皮時若有顆粒感，煮時麵皮易破。新鮮食材水分不用增加，與麵粉拌勻即可。

三色：

材料 紅蘿蔔30公克、芹菜葉30公克、新鮮香菇30公克，中筋麵粉300公克、鹽½小匙

做法 1 紅蘿蔔洗淨去皮，切末；芹菜葉洗淨，切末；新鮮香菇洗淨，剪除蒂頭，切末。

2 將中筋麵粉放入盆內，加入紅蘿蔔末、芹菜葉末、香菇末與鹽。

3 加入150cc冷水，用手將材料慢慢揉拌成糰。

麥粉類

例如：全麥麵粉、細燕麥、蕎麥……。麥粉類食材吸水性強，與麵粉攪拌需要多加水，麵皮才不會乾硬。全麥麵粉製作麵皮，建議適量就好，全麥麵粉愈多，麵皮愈硬。

全麥麵粉：

材料 全麥麵粉100公克、中筋麵粉200公克、鹽½小匙

做法 1 將中筋麵粉放入盆內，先加入鹽與全麥麵粉，再加入200cc冷水。
2 用手將材料慢慢揉拌成糰。

細燕麥：

材料 細燕麥40公克、中筋麵粉300公克、鹽½小匙

做法 同上，材料改放細燕麥，水量改為180cc。

蕎麥：

材料 蕎麥粉 40 公克、中筋麵粉 300 公克、鹽½小匙

做法 同上，材料改放蕎麥粉，水量改為170cc。

食材打汁類

蔬菜汁要濃，若是用新鮮的紅蘿蔔或葉菜類如菠菜、青江菜等，都是取其顏色，打汁後都需要濾渣。

紅蘿蔔：

材料 紅蘿蔔200公克、中筋麵粉300公克、鹽½小匙

做法 1 紅蘿蔔洗淨去皮，切塊，加入250cc冷水，用果汁機打成汁，過濾後，取出150cc紅蘿蔔汁，倒入盆內。
2 加入中筋麵粉與鹽，用手將材料慢慢揉拌成糰。

菠菜：

材料 菠菜200公克、中筋麵粉300公克、鹽½小匙

做法 同上，材料改放菠菜，水量改為100cc。

包餃子

【處理餡料要領】

處理餡料有兩大要領：餡料宜細不宜粗，口味宜淡不宜鹹。這是由於粗餡會影響包餡外觀，所以要細。如果覺得口味較淡，可以沾醬料。

天然食材用於餡料裡，因為本身沒有黏性，如果不加任何粉類，例如太白粉或澄粉，不容易包餡。再加上因為天然食材容易出水，因此在處理食材上，需要多加注意。

如果有多出的餡料，可以直接做成一道小菜。反之，餐後如果有剩菜，稍加處理，也可以做為餃子的餡料。

蔬菜

葉菜類容易出水，去水方式可分為兩種：

加鹽軟化法：

葉菜類不能切太小，以0.5至0.8公分最為合適，因為加鹽軟化後會縮小。600公克的葉菜類，洗淨切段，只需要加入½小匙鹽就可以了。加鹽後放置15分鐘，將多餘的水分瀝乾即可，不用再洗過，可以直接調味。這種做法適合較小、較軟的葉菜，例如：莧菜、空心菜、豆苗等。瓜類（例如：冬瓜、胡瓜）的刀工，需要先刨絲後再切段，會比較有口感。

汆燙軟化法：

葉菜類汆燙後可使葉菜變軟，先將水煮滾，加鹽，放入葉菜類（例如：青江菜、小芥蘭、鵝白菜、高麗菜、大白菜），約5至10秒即可撈起；放入有菜梗的菜（例如：四季豆、雙色花椰菜），需燙至菜梗呈現透明狀。其目的只是燙軟，不需要煮熟菜葉。

豆包

要選用新鮮的優質豆包，最好不要冰過的，因為冷凍過的容易出水，更不能選用炸過的，因為已經沒有了黏性。如果要增加香味，可先略煎過，但會失去黏性。做法為先將豆包洗淨，瀝乾水分，先切絲後，再切末。然後加入½小匙鹽，以湯匙攪拌或是用手抓揉，直到略微產生黏性，再與其他食材拌勻調味即可。

豆干

豆干本身沒有味道，處理方式可分為三種：

1 滷過再切細，較有味道。

2 切細後先用醬油醃入味，例如200公克豆干切末，用½小匙醬油、¼小匙鹽，加入50cc水拌勻即可。處理醃過的豆干，在調味前先試鹹淡後，再決定是否需要調味。另外，因為豆干具有嚼勁，搭配的食材不可太硬，例如葉菜類即可搭配，但根莖類略硬較不合適。

3 可以與其他副材料搭配，例如與紅蘿蔔末、薑末等拌炒，會增加香味。

豆腐

豆腐是軟食材，建議不要加在硬食材裡，例如筍類、根莖類等。選購傳統豆腐水分會較少，可先用餐巾紙盡量吸乾水分，切小丁直接加入較軟的餡料裡，例如葉菜類的雪裡紅。另外，豆腐略煎過會比較香，再切成小丁狀，可加入瓜類做成餡料。

【餃子包法】

 一般形 ————————————————————————————●

做 法

1 將餡料放在餃子皮中間，對摺成半圓形，將中央點捏合。
2 將餃子皮外緣捏出四個角。
3 將同側的兩角往內摺。
4 將摺好的兩角重疊黏合。
5 完成。

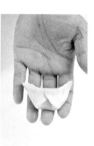

彎月形 ————————————————————————————●

做 法

1 將餡料放在餃子皮中間。
2 把餃子皮的右手一側往內凹摺。
3 把餃子皮的右手一端捏緊。
4 以右手拇指與食指沿餃子皮外緣，從右手一端往左手方向打摺，共摺8摺。
5 完成。

元寶形 ————————————————●

1 將餡料放在餃子皮中間,對摺成半圓形。
2 將餃子皮外緣捏緊,完全封口。
3 讓餃子左右兩角尾端重疊黏合。
4 讓餃子皮外緣微微上翹。
5 完成。

   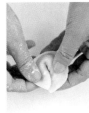 

長方形 ————————————————●

1 將餡料放在餃子皮中間,對摺成半圓形,將中央點捏合。
2 將餃子皮外緣捏出四個角。
3 將餃子皮四個角,朝中央點往內摺合。
4 捏緊餃子皮封口。
5 完成。

三角形

做 法

1 將餡料放在餃子皮中間，由左右側兩端往中央點摺。
2 將餃子皮外緣摺為三角形。
3 將餃子皮交接處捏緊。
4 捏緊餃子皮封口。
5 完成。

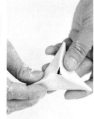

貝殼形

做 法

1 將餡料放在餃子皮中間，對摺成半圓，將中央點捏合。
2 將餃子皮中央點按壓一下。
3 將兩側餃子皮往中央點擠壓，露出餡料。
4 捏緊餃子皮封口。
5 完成。

葉子形

做法

1 將餡料放在餃子皮中間，把餃子皮的一側往內凹摺。
2 將凹摺處捏合。
3 重複往內摺的動作，共摺8摺。
4 將餃子末端捏合。
5 完成。

鳳眼形

做法

1 將餡料放在餃子皮中間，對摺成半圓形，將中央點捏合。
2 將餃子皮中央點按壓一下。
3 將兩側餃子皮往中央點擠壓，露出餡料。
4 餃子皮不必封口，露出內餡，將餃子兩側末端捏合。
5 完成。

煮餃子

煮餃

做法

1 取一寬口的鍋或是炒菜鍋，加入約⅔鍋冷水，煮滾。
2 待水滾後，放入餃子。
3 以勺子略為攪拌，讓剛入鍋的餃子不黏鍋。
4 水滾後轉中火，煮至餃子浮出水面。
5 餃子皮表面略為膨脹鼓起，即可撈起。

● 煮水餃不宜開大火，要改為中火。因為火開太大，水餃裡的空氣會太快膨脹，水餃皮便容易脹破。
● 煮時不能蓋鍋蓋，以免溢出。

蒸餃

做法

1 取一寬口的鍋或是炒菜鍋，加入適量的水。
2 開大火把水煮滾，放入蒸架。
3 將餃子排入抹油的蒸盤，放入鍋內。
4 蓋上鍋蓋。
5 蒸約8分鐘，即可關火取出。

● 蒸餃的方式有多種，也可以改用電鍋、蒸鍋、蒸籠。

煎 餃

做 法

1 取一平底鍋，倒入油後抹勻，熱油鍋。
2 鍋熱後轉成中火，排入餃子，煎至底部微焦黃。
3 加入麵粉水，約至餃子的½高度。
4 蓋上鍋蓋，煮至水乾。
5 打開鍋蓋，見餃子皮表面略為膨脹鼓起，即可關火取出。

● 以油抹勻鍋底的方法很多種，可用餐巾紙抹油，也可取一粒生餃子，把鍋底的油塗勻。
● 冷鍋放入餃子會黏鍋，要鍋熱後再放入。煎餃子的火候不要太大，以免煎焦。
● 煎餃子時，如果蒸氣聲很大，表示鍋內還有水分，還未煎熟；如果蒸氣變少、聲音變小
　時，表示鍋內已沒有水分，可以關火。

幸福
餃子館

Part2. 超人氣餃子

●香菇餃　●四季豆餃　●雪菜豆干餃　●鵝白菜餃

●銀芽餃　●豆苗豆包餃　●竹筍雪菜餃

●高麗菜豆包餃　●大白菜豆菇餃

●油菜豆腐餃　●空心菜餃　●鮮筍餃

香菇餃

材料（約可做65粒）

乾香菇	80公克
紅蘿蔔	50公克
芹菜	50公克
豆包	500公克

調味料

鹽	1小匙
糖	1小匙
白胡椒粉	¼小匙

做法

1. 豆包洗淨，瀝乾水分，切末，用鹽攪拌幾下。

2. 乾香菇泡開，擠乾水分，切末；紅蘿蔔洗淨去皮，切末；芹菜洗淨去葉，切末。

3. 冷鍋倒入2小匙香油，開小火，加入香菇末、紅蘿蔔末炒香，即可起鍋，放涼，備用。

4. 將餡料以鹽、糖、白胡椒粉調味，加入芹菜末，攪拌均勻。

5. 將餡料包入餃子皮即完成。

料理小叮嚀

● 豆包用鹽攪拌過，會增加黏性。可以用湯匙攪拌，也可以用手抓揉。

● 以香油炒菜時，要開小火，不能用大火，否則油會變質，影響健康與香味。

● 炒香香菇末、紅蘿蔔末的目的是增加香氣，喜歡清淡口味的人，可以省略炒香動作。

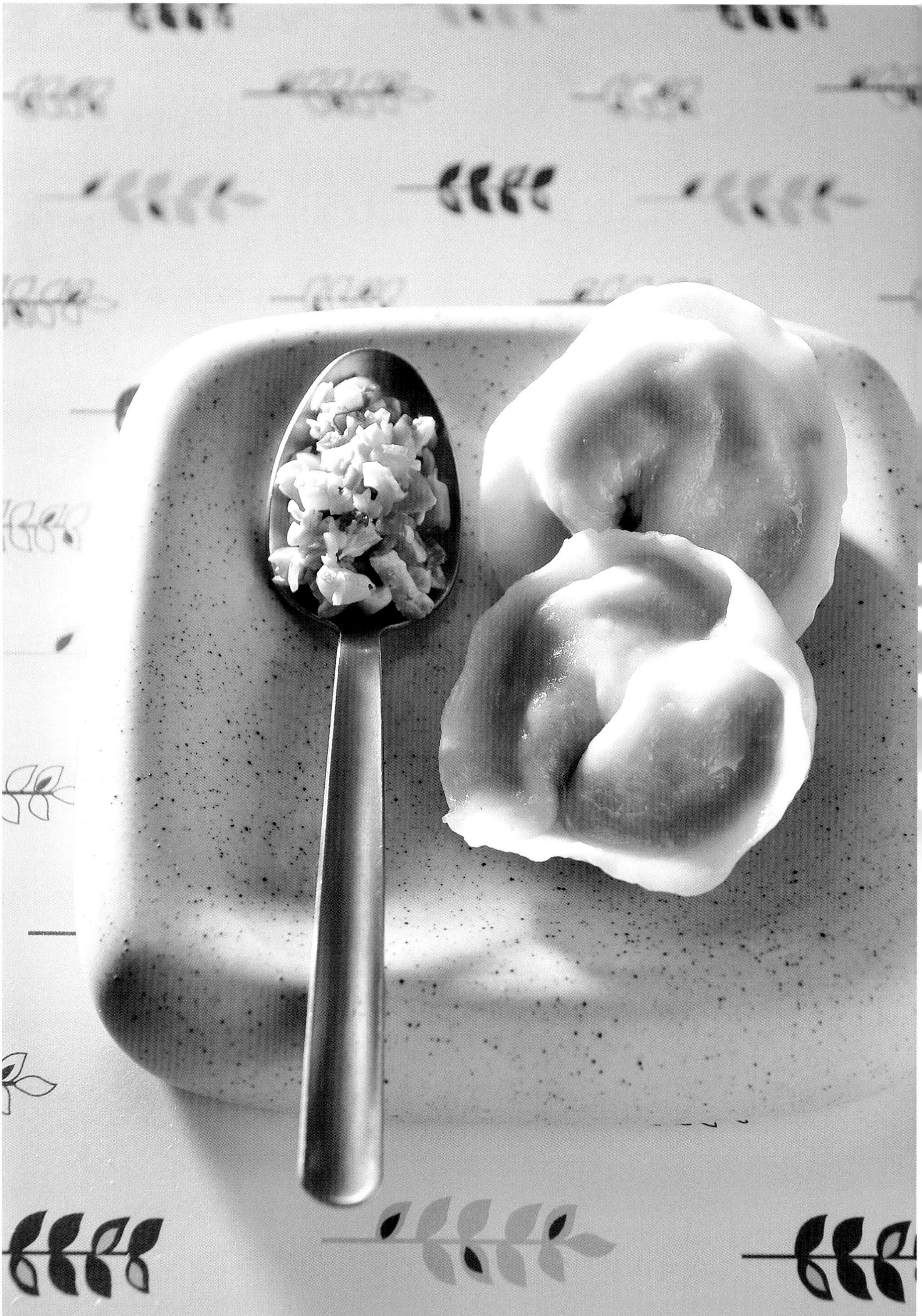

超人氣
餃子

四季豆餃

材料（約可做65粒）

四季豆	400公克
豆包	200公克
紅蘿蔔	50公克
玉米粒	100公克
香菜	20公克
薑	10公克

調味料

鹽	1½小匙
糖	1小匙

做法

1 四季豆洗淨，去頭尾，以加鹽滾水汆燙，起鍋放涼後，切小丁。

2 豆包洗淨，瀝乾水分，切末，用鹽攪拌幾下。

3 紅蘿蔔、薑洗淨去皮，切末；香菜洗淨，切末；玉米粒略切。

4 冷鍋倒入2小匙香油，開小火，炒香紅蘿蔔末、薑末，即可起鍋，放涼，備用。

5 將餡料以鹽、糖調味，加入香菜末，攪拌均勻。

6 將餡料包入餃子皮即完成。

料理小叮嚀

● 玉米粒只要略切幾刀，不要切得太細爛。

雪菜
豆干餃

材料（約可做50粒）

雪菜	400公克
滷豆干	200公克
乾香菇	30公克
薑	10公克

調味料

鹽	½小匙
糖	1小匙

做法

1　雪菜洗淨，除去鹹味，擠乾水分，切末；滷豆干切碎；乾香菇泡開，擠乾水分，切末；薑洗淨去皮，切末。

2　冷鍋倒入2小匙香油，開小火，加入香菇末、薑末炒香，即可起鍋，放涼，備用。

3　將餡料以鹽、糖調味，攪拌均勻。

4　將餡料包入餃子皮即完成。

料理小叮嚀

● 雪菜要選用以小芥菜做成的，較為軟嫩可口；雪菜因為是用鹽醃的，所以鹹味較重，建議清洗時盡量多洗幾次，以洗除鹹味。

● 香菇末與薑末要先炒過，做餡料時比較會有香味。

鵝白菜餃

材料（約可做65粒）

鵝白菜	600公克
玉米筍	80公克
草菇	200公克
薑	8公克
枸杞	10公克

調味料

鹽	½ 小匙
糖	½ 小匙
白胡椒粉	¼ 小匙

做法

1. 鵝白菜洗淨，以加鹽滾水汆燙，起鍋放涼後，切末，擠乾水分。

2. 玉米筍、草菇洗淨，切小丁；薑洗淨去皮，切末；枸杞泡開，去水，略劃幾刀。

3. 冷鍋倒入2小匙香油，開小火，加入薑末、玉米筍丁、草菇丁炒香，即可起鍋，放涼，備用。

4. 將餡料以鹽、糖、白胡椒粉調味，攪拌均勻。

5. 將餡料包入餃子皮即完成。

DIY 葉菜汆燙方式

1. 取一鍋，加入半鍋的水，水煮開後放入 ¼ 小匙的鹽，保持沸騰的狀態，再放入少許葉菜，顏色一變即可撈起；菜梗的部分則變透明即可撈起，不需要汆燙太熟。

2. 汆燙後的葉菜類可以保持翠綠色澤，不需再用冷水浸泡。

銀芽餃

材料（約可做50粒）

綠豆芽	600公克
滷豆干	120公克
紅蘿蔔	30公克
香菜	20公克
薑	8公克

調味料

鹽	½小匙
糖	1小匙
白胡椒粉	¼小匙

做法

1. 綠豆芽洗淨，去頭去尾成銀芽，用鹽軟化去水，瀝乾水分，切絲。

2. 滷豆干切0.5公分長；香菜洗淨瀝乾，切末；薑洗淨去皮，切末；紅蘿蔔洗淨去皮，切絲。

3. 冷鍋倒入2小匙香油，開小火，加入紅蘿蔔絲、薑末炒香，放涼，備用。

4. 將餡料以鹽、糖、白胡椒粉調味，加入香菜末，攪拌均勻。

5. 將餡料包入餃子皮即完成。

料理小叮嚀

● 滷豆干、紅蘿蔔的刀工最好與銀芽一樣，約0.5公分長的細絲狀，不建議切丁，刀工會不一致。

豆苗
豆包餃

材料 （約可做60粒）

豆苗	600公克
豆包	200公克
豆薯	50公克
紅蘿蔔	30公克
薑	10公克

調味料

糖	1小匙
白胡椒粉	¼小匙

做法

1 豆包洗淨，瀝乾水分，切末，用鹽攪拌幾下。

2 豆苗洗淨取葉，以加鹽滾水汆燙，起鍋放涼後，剁碎。

3 豆薯、紅蘿蔔、薑洗淨去皮，切末。

4 冷鍋倒入2小匙香油，開小火，加入豆薯末、紅蘿蔔末、薑末炒香，即可起鍋，放涼，備用。

5 將餡料以糖、白胡椒粉調味，攪拌均勻。

6 將餡料包入餃子皮即完成。

料理小叮嚀

● 豆苗不要用豌豆苗取代，味道會太生。

超人氣
餃子

竹筍
雪菜餃

材料（約可做60粒）

竹筍	300公克
雪菜	300公克
辣椒	10公克
薑	10公克

調味料

鹽	½小匙
糖	1小匙
白胡椒粉	¼小匙

做法

1 竹筍剝除外殼，整顆抹鹽，放入盤中，移入電鍋，外鍋加1量米杯水，蒸熟取出，放涼，切成小丁。

2 雪菜洗淨，除去鹹味，擠乾水分，切末；辣椒洗淨去子、薑洗淨去皮，切末。

3 冷鍋倒入2小匙香油，開小火，加入薑末、辣椒末、筍丁炒香，即可起鍋，放涼，備用。

4 將餡料以鹽、糖、白胡椒粉調味，攪拌均勻。

5 將餡料包入餃子皮即完成。

高麗菜
豆包餃

材料（約可做65粒）

高麗菜	600公克
豆包	200公克
杏鮑菇	150公克
紅蘿蔔	30公克
香菜	20公克
薑	10公克

調味料

鹽	2小匙
糖	1小匙
白胡椒粉	¼小匙
醬油	1小匙

做法

1. 高麗菜洗淨剝片，以加鹽滾水汆燙，起鍋放涼後，剁碎。

2. 豆包洗淨，瀝乾水分；杏鮑菇洗淨，切丁；紅蘿蔔、薑洗淨去皮，切末。

3. 起油鍋，加入1大匙沙拉油，開中小火煎豆包，煎至金黃色，即可起鍋，放涼，切末。

4. 另取一鍋，冷鍋倒入2小匙香油，開小火，加入薑末、紅蘿蔔末炒香，再加入醬油、50cc水，並放入杏鮑菇，炒至上色，即可起鍋，放涼，備用。

5. 高麗菜擠乾水分，與其他餡料一起調味，加入鹽、糖、白胡椒粉，攪拌均勻。

6. 將餡料包入餃子皮即完成。

料理小叮嚀

- 高麗菜先汆燙過，包餡時較不易出水，但是只要略燙即可，不能燙太久，以免燙太軟，失去脆度。

- 豆包略煎過較有豆味香，但不要煎太久，會產生焦味，但煎過的豆包沒有黏性，較不易包餡。

超人氣
餃子

大白菜
豆菇餃

材料（約可做60粒）

大白菜	600公克
豆包	200公克
草菇	150公克
乾金針	50公克
芹菜	30公克
薑	10公克

調味料

鹽	2小匙
糖	1小匙
白胡椒粉	¼小匙

做法

1 大白菜洗淨，切碎，用鹽軟化去水。

2 豆包洗淨，瀝乾水分；草菇洗淨，切小丁；乾金針泡開，切小段；芹菜洗淨、薑洗淨去皮，切末。

3 起油鍋，加入1大匙沙拉油，開中小火煎豆包，煎至金黃色，即可起鍋，放涼，切末。

4 用鍋內餘油，開小火，略炒草菇丁、金針、薑末，即可起鍋，備用。

5 大白菜擠乾水分，與其他餡料一起調味，加入鹽、糖、白胡椒粉，攪拌均勻。

6 將餡料包入餃子皮即完成。

料理小叮嚀

● 大白菜宜選球莖大白菜，甜脆美味，十分適合包餡。

超人氣
餃子

油菜
豆腐餃

材料（約可做60粒）

油菜 600公克
豆腐 200公克
薑 8公克

調味料

糖 .... ½小匙
香油 1小匙
白胡椒粉 .... ¼小匙

做法

1 油菜洗淨，切成0.5公分粒狀，用鹽軟化去水。

2 豆腐用餐巾紙吸乾水分，切小丁；薑洗淨去皮，切末，備用。

3 油菜擠乾水分，與餡料調味，加入糖、香油、白胡椒粉，攪拌均勻。

4 將餡料包入餃子皮即完成。

料理小叮嚀

● 油菜可做為青江菜的替代菜，兩者口感十分相似。油菜除了炒青菜食用外，做為水餃餡也很美味。喜歡油菜的人可以試做油菜炒飯，在完成炒飯後，撒上芥末胡椒粉，便是讓人一吃難忘的好味道。

空心菜餃

材料（約可做70粒）

空心菜	600公克
豆干	200公克
乾香菇	50公克
薑	10公克

調味料

鹽	2½小匙
糖	1小匙
醬油水	適量

（比例：醬油1大匙、水6⅔大匙）

做法

1 空心菜洗淨，切成0.5公分長，用鹽軟化去水。

2 豆干洗淨、乾香菇泡開，擠乾水分，切小丁；薑洗淨去皮，切末。

3 冷鍋倒入2小匙香油，開小火，加入薑末、香菇丁、豆干丁炒香，加入醬油水，煮至入味收汁，即可起鍋，放涼，備用。

4 空心菜擠乾水分，與其他餡料一起調味，加入鹽、糖，攪拌均勻。

5 將餡料包入餃子皮即完成。

料理小叮嚀

● 空心菜要選新鮮較嫩的，口感會比較佳；菜不可切太小，約0.5至0.8公分，因為菜軟化去水後就縮小了，如果切太小，會沒有口感。

● 豆干丁與香菇丁先炒過，會比較入味。

超人氣餃子

鮮筍餃

材料（約可做60粒）

竹筍	400公克
柳松菇	150公克
芹菜	20公克
薑	10公克

調味料

鹽	½小匙
糖	½小匙

做法

1 竹筍剝除外殼，整顆抹鹽，放入盤中，移入電鍋，外鍋加1量米杯水，蒸熟取出，放涼，切成小丁。

2 薑洗淨去皮，切末；芹菜洗淨，去葉留梗，切末；柳松菇洗淨，擠乾水分，切丁。

3 冷鍋倒入2小匙香油，加入筍丁、柳松菇丁、薑末、芹菜末炒香，即可起鍋，放涼，備用。

4 將餡料以鹽、糖調味，攪拌均勻。

5 將餡料包入餃子皮即完成。

料理小叮嚀

● 竹筍的種類很多，原則上都很適合做為餃子餡，只有在處理時要稍加留意刀工。體型較大的麻竹筍，要先切片煮熟再切丁；體型較小的綠竹筍，整棵抹鹽後用電鍋蒸熟再切丁。

幸福
餃子館

Part3. 新風味餃子

茭白筍餃

材料（約可做60粒）

茭白筍	600公克
秀珍菇	300公克
芹菜	30公克
薑	8公克

調味料

鹽	2小匙
糖	2小匙

做法

1. 茭白筍剝除葉片，放入電鍋蒸約10分鐘後，取出放涼，切0.5公分長細絲；芹菜洗淨，剝除葉片，切末；薑洗淨去皮，切末；秀珍菇洗淨，擠乾水分，切粒。

2. 冷鍋倒入2小匙香油，開小火，加入秀珍菇粒、薑末略微炒香，放涼，備用。

3. 將餡料以鹽、糖調味，加入芹菜末，攪拌均勻。

4. 將餡料包入餃子皮即完成。

料理小叮嚀

● 茭白筍用電鍋蒸，可以保留原味，電鍋的外鍋約放入0.8量米杯的水即可。

● 芹菜也可以使用葉子，更能增加餡料的顏色。

● 切茭白筍的刀工要切絲，不建議切小粒，以免口感上會有空洞感，不易咀嚼出味道。

● 秀珍菇的刀工要切粒，切粒是指玉米粒再一半的刀工，顆粒如果太大會影響水餃外觀，太小則會吃不到食材的口感。

龍鬚菜餃

材料（約可做60粒）

龍鬚菜葉	1200公克
金針菇	300公克
紅蘿蔔	40公克
薑	8公克

調味料

鹽	½小匙
糖	1小匙

做法

1 龍鬚菜葉摘取嫩葉，不要菜莖，洗淨，瀝乾水分，切成1公分長，用鹽軟化除去水分；金針菇洗淨，切0.5公分長；紅蘿蔔、薑洗淨去皮，切末。

2 冷鍋倒入2小匙香油，開小火，加入紅蘿蔔末、薑末、金針菇粒炒香，放涼，備用。

3 龍鬚菜葉擠乾水分，與其他餡料一起調味，加入鹽、糖，攪拌均勻。

4 將餡料包入餃子皮即完成。

料理小叮嚀

● 包餡的材料不能切得太細，因為擠乾水分後，食材會再縮小，變得沒有口感。

● 紅蘿蔔要切末，不能太大，否則會煮不熟，影響口感。

● 處理龍鬚菜軟化去水的鹽不能加太多，約 ½ 小匙即可，少許鹽就能軟化葉菜，之後可以不用重新洗過，直接調味即可。葉菜類使用鹽軟化去水時，若使用太多鹽，菜葉會大量出水，而且色澤會變暗沉。

● 龍鬚菜莖也可以加入黑木耳絲、紅蘿蔔絲、杏鮑菇絲、薑絲，全部清炒成另一道菜，一菜二吃。

新風味
餃子

麻辣
大白菜餃

材料（約可做50粒）

大白菜	600公克
小辣椒	30公克
薑	10公克
花椒粒	10公克

調味料

鹽	2½小匙
糖	1小匙

做法

1. 大白菜洗淨，剁碎；小辣椒洗淨去子，切末；薑洗淨去皮，切末。

2. 冷鍋倒入2大匙香油，開小小火，加入花椒粒炒出香味，撈起花椒粒。加入小辣椒末、薑末、大白菜，再加入鹽，炒軟大白菜，並以糖調味，即可起鍋，放涼，擠乾水分，備用。

3. 將餡料包入餃子皮即完成。

料理小叮嚀

- 炒花椒時，要用小小火炒，以免炒焦，產生苦味。

- 大白菜入鍋時，加鹽會軟化出水，所以不要多加水。

芥蘭菜餃

材料（約可做70粒）

芥蘭菜 600公克
美白菇 300公克
乾黑木耳 15公克
薑 8公克

調味料

鹽 1小匙
糖 .... ½小匙

做法

1 芥蘭菜洗淨，以加鹽滾水汆燙，起鍋放涼後，切
0.5公分長，擠乾水分。

2 美白菇洗淨，切小丁；乾黑木耳泡開洗淨，切
末；薑洗淨去皮，切末。

3 冷鍋倒入2小匙香油，開小火，加入黑木耳末、
薑末略炒，再加入美白菇丁炒香，即可起鍋，放
涼，備用。

4 餡料以鹽、糖調味，攪拌均勻。

5 將餡料包入餃子皮即完成。

料理小叮嚀

● 芥蘭菜的菜葉與菜梗需分開處理，菜梗需除去外皮，口感會較佳。

苦瓜餃

材料（約可做50粒）

苦瓜	500公克
乾豆豉	20公克
辣椒	15公克
薑	15公克

調味料

醬油	3大匙
冰糖	1大匙

做法

1. 苦瓜洗淨，去內膜，切小丁。

2. 乾豆豉略洗，瀝乾水分，切碎；薑洗淨去皮，切末；辣椒洗淨去子，切末。

3. 冷鍋倒入1大匙沙拉油，開小火，加入乾豆豉、薑末、辣椒末炒香，加入150cc水，以醬油、冰糖調味，再加入苦瓜丁炒至入味，收汁，即可起鍋，放涼，備用。

4. 將餡料包入餃子皮即完成。

料理小叮嚀

● 苦瓜可以先汆燙過，以減少苦味。

● 此道餡屬於重口味。

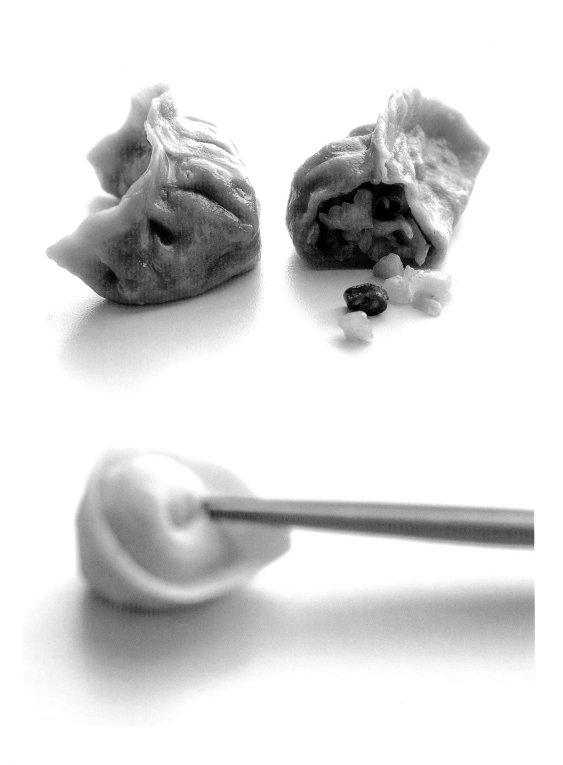

番茄雙菇餃

材料（約可做65粒）

番茄	600公克
秀珍菇	150公克
新鮮香菇	150公克
九層塔	20公克
薑	10公克

調味料

鹽	1小匙
糖	1小匙
白胡椒粉	¼小匙

做法

1 番茄洗淨，切開去子，再切小丁；秀珍菇、新鮮香菇洗淨，擠乾水分，切小丁；薑洗淨去皮，切末；九層塔洗淨擦乾，切末。

2 冷鍋倒入2小匙香油，開小火，加入薑末炒香，再加入番茄丁略炒，即可起鍋，放涼，備用。

3 將秀珍菇丁、香菇丁與其他餡料一起調味，加入九層塔末，攪拌均勻。

4 將餡料包入餃子皮即完成。

料理小叮嚀

● 雙菇所選用的菇類，可自由變化。原則上，除了菇味過重的鴻喜菇，常見的新鮮香菇、柳松菇、杏鮑菇、美白菇、草菇、秀珍菇、鮑魚菇……等，都很適合相互搭配。

● 通常包餡用的番茄需要略炒過，味道比較不會太生。但是番茄不能炒太久，以免炒至過爛，不易包餡。

新風味
餃子

胡瓜
豆包餃

材料（約可做60粒）

胡瓜	600公克
豆包	200公克
薑	10公克

調味料

糖	1小匙
白胡椒粉	¼小匙

做法

1 豆包洗淨，瀝乾水分，切末，用鹽攪拌幾下。

2 胡瓜洗淨，去皮刨粗絲，用鹽軟化，並擠乾水分；薑洗淨去皮，切末。

3 冷鍋倒入2小匙香油，開小火，炒香薑末，放涼，備用。

4 將餡料以糖、白胡椒粉調味，攪拌均勻。

5 將餡料包入餃子皮即完成。

料理小叮嚀

● 胡瓜刨絲太細會沒有口感，刨絲後切成約0.5公分長粒狀。

新風味
餃子

番茄
山藥餃

材料（約50粒）

番茄	600公克
日本山藥	150公克
玉米筍	100公克
芹菜葉	50公克
薑	10公克

調味料

鹽	1小匙
糖	1小匙
白胡椒粉	¼小匙

做法

1 番茄洗淨，切開去子，再切小丁；日本山藥去皮、玉米筍洗淨，切小丁；芹菜葉洗淨，瀝乾水分，切末；薑洗淨去皮，切末。

2 冷鍋倒入2小匙香油，開小火，將薑末炒香，先加入玉米筍丁、日本山藥丁，再加入番茄丁、芹菜葉末略炒，即可起鍋，放涼，備用。

3 將餡料以鹽、糖、白胡椒粉調味，攪拌均勻。

4 將餡料包入餃子皮即完成。

料理小叮嚀

● 此道菜有更簡單的方式：冷鍋加入香油炒香薑末，再加入番茄丁略炒即可。其他食材則不用再炒。

海帶絲豆干餃

材料（約可做50粒）

海帶絲	300公克
豆干	150公克
辣椒	30公克
芹菜	30公克
薑	10公克

調味料

鹽	1小匙
糖	½小匙
香油	½小匙

做法

1. 海帶絲洗淨，除去鹹味，瀝乾水分，切0.5公分長。

2. 豆干洗淨，切末；辣椒洗淨去子，切末；芹菜洗淨留菜梗，切末；薑洗淨去皮，切末。

3. 冷鍋倒入2大匙沙拉油，開中小火，加入薑末、辣椒末、豆干末炒香；再加入海帶絲、100cc水炒熟，最後加入芹菜末略炒，即可起鍋，放涼，備用。

4. 將餡料以鹽、糖、香油調味，攪拌均勻。

5. 將餡料包入餃子皮即完成。

料理小叮嚀

● 海帶絲盡量洗去鹹味，以免味道過鹹。

樹子
豆包餃

材料 （約可做40粒）

樹子	70公克
豆包	300公克
九層塔	30公克
薑	15公克

調味料

醬油	2大匙
糖	2小匙
白胡椒粉	½小匙

做法

1 樹子去子，切細；豆包切細；薑洗淨去皮、九層塔洗淨擦乾，切末。

2 冷鍋倒入1大匙沙拉油，開小火，加入薑末炒香，以醬油、糖、白胡椒粉調味，加入150cc水，煮開後放入豆包、樹子炒熟，再以中小火煮至水收乾，加入九層塔末拌勻，即可起鍋，放涼，備用。

3 將餡料包入餃子皮即完成。

料理小叮嚀

● 樹子本身就有鹹味，加醬油是為了讓豆包上色。

● 此道餡料屬於重口味，食用時可以不沾醬，淋上香油即可。

● 九層塔要洗淨擦乾，刀子、砧板都需要是乾的，九層塔末才不會變得又濕又黑。

新風味
餃子

大黃瓜
豆腐餃

材料（約可做60粒）

大黃瓜	600公克
豆腐	200公克
紅蘿蔔	50公克
薑	10公克

調味料

糖	1小匙
白胡椒粉	¼小匙

做法

1. 大黃瓜洗淨去皮，去子刨絲，用鹽軟化去水，靜置約10分鐘。

2. 豆腐用餐巾紙吸乾水分，切片，抹少許鹽；紅蘿蔔、薑洗淨去皮，切末。

3. 起油鍋，加入1大匙沙拉油，開中小火煎豆腐，將豆腐煎至金黃色，即可起鍋，放涼，切小丁。

4. 冷鍋倒入2小匙香油，開小火，加入紅蘿蔔末、薑末炒香，放涼，備用。

5. 大黃瓜擠乾水分，與其他餡料一起調味，加入糖、白胡椒粉，攪拌均勻。

6. 將餡料包入餃子皮即完成。

料理小叮嚀

- 大黃瓜需要用鹽軟化去水，再加上煎豆腐時也已抹鹽，因此在做最後調味時，可以不用再加鹽了。

- 豆腐容易出水，所以這類水餃不適合做成蒸餃。

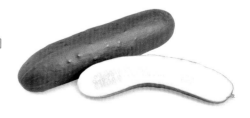

新風味餃子

白蘿蔔豆包餃

材料（約可做60粒）

白蘿蔔	600公克
豆包	200公克
薑	10公克
香菜	30公克

調味料

糖	½小匙
香油	½小匙
黑胡椒粒	¼小匙

做法

1 白蘿蔔洗淨去皮，刨粗絲，再切成0.5公分長，用鹽軟化去水。

2 豆包洗淨，瀝乾水分；香菜洗淨，切末；薑洗淨去皮，切末。

3 起油鍋，加入1大匙沙拉油，開中小火煎豆包，煎至金黃色，即可起鍋，放涼，切末，備用。

4 白蘿蔔絲與其他餡料一起調味，加入糖、香油、黑胡椒粒，攪拌均勻。

5 將餡料包入餃子皮即完成。

料理小叮嚀

● 白蘿蔔宜選表皮微裂開的，表示水分與甜度充足。

冬瓜
豆腐餃

材料（約可做60粒）

冬瓜	600公克
豆腐	200公克
新鮮香菇	90公克
香菜	30公克
薑	10公克

調味料

糖	2小匙
白胡椒粉	¼小匙
醬油	2小匙

做法

1. 冬瓜洗淨去皮，去內膜刨絲，用醬油先醃約20分鐘。

2. 豆腐用餐巾紙吸乾水分，切片，抹少許鹽；新鮮香菇洗淨，擠乾水分，切小丁；香菜洗淨，切小段；薑洗淨去皮，切末。

3. 起油鍋，加入1大匙沙拉油，開中小火煎豆腐，煎至金黃色，即可起鍋，放涼，切小丁。

4. 另取一鍋，冷鍋倒入2小匙香油，開小火，加入薑末、香菇丁炒香，即可起鍋，放涼，備用。

5. 冬瓜去水，與其他餡料一起調味，加入糖、白胡椒粉，攪拌均勻。

6. 將餡料包入餃子皮即完成。

料理小叮嚀

● 冬瓜的內膜要去乾淨，以免口感不佳，軟硬不均。

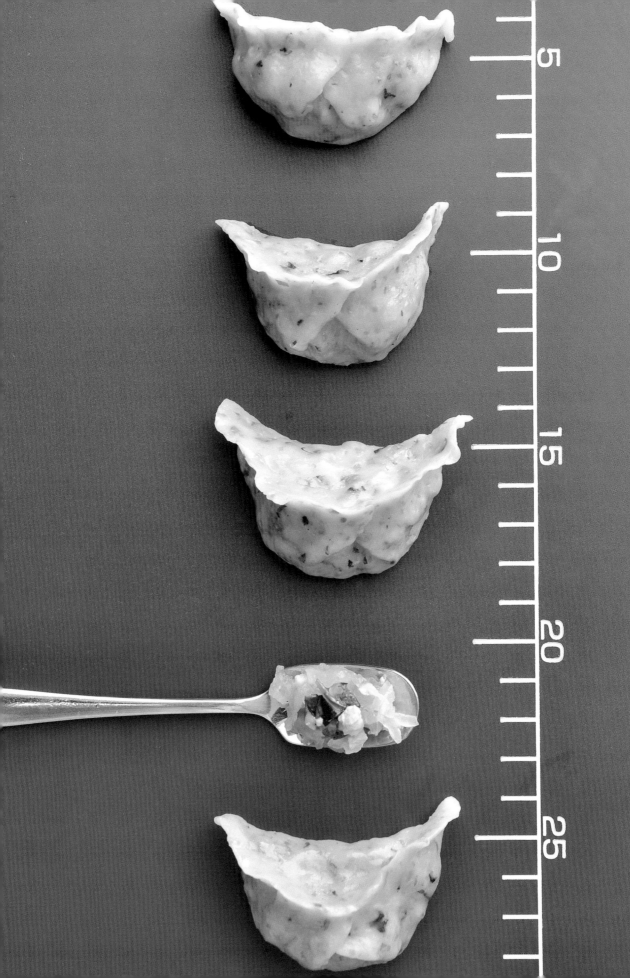

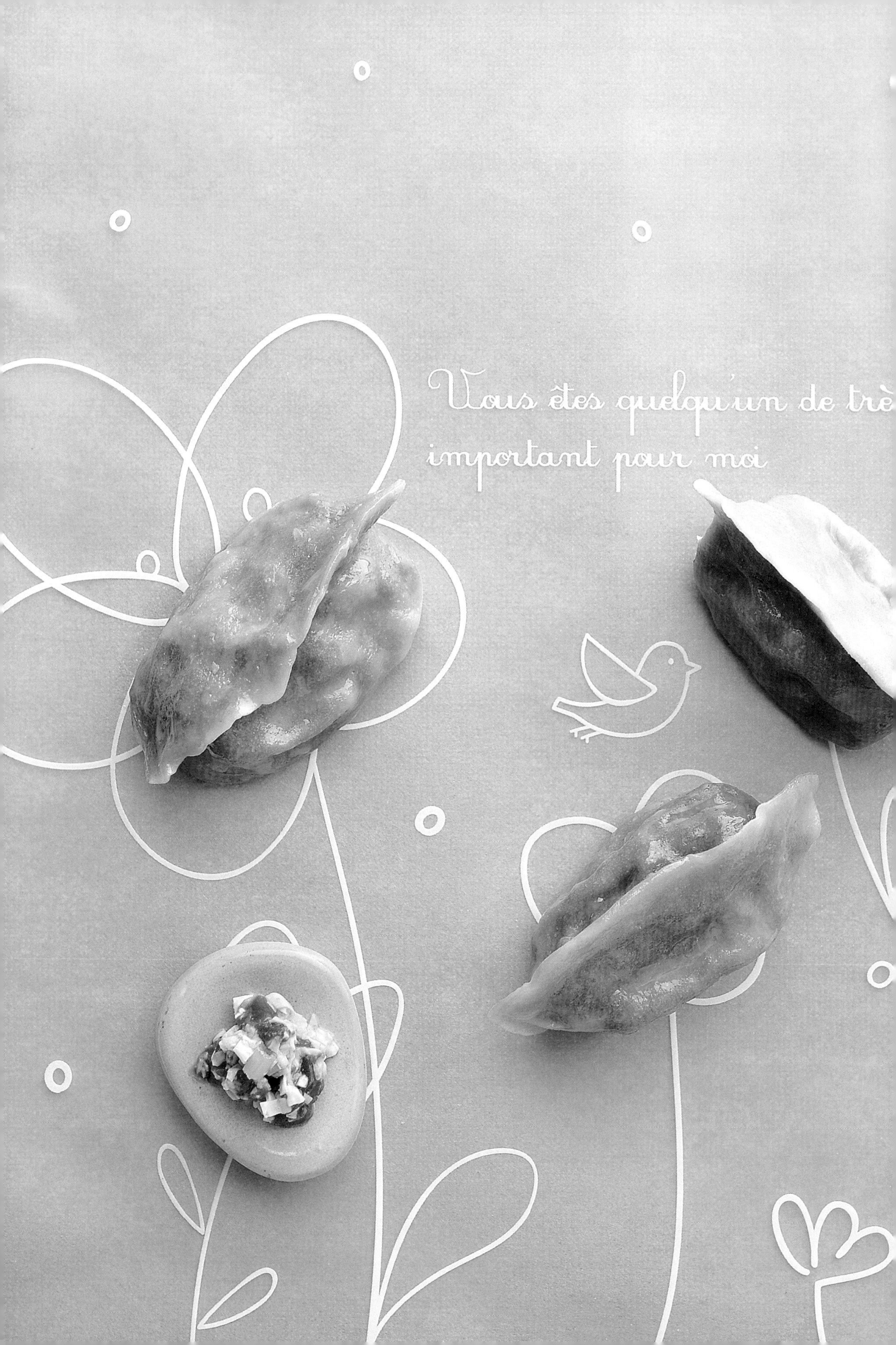
Vous êtes quelqu'un de trè
important pour moi

番茄
豆包餃

材料（約可做60粒）

番茄	600公克
豆包	200公克
芹菜	10公克
薑	10公克

調味料

鹽	1小匙
糖	1大匙
黑胡椒粒	¼小匙

做法

1 豆包洗淨，瀝乾水分，切末，用鹽攪拌幾下。

2 番茄洗淨，切開去子，再切小丁；芹菜洗淨去葉，切末；薑洗淨去皮，切末。

3 冷鍋倒入1大匙沙拉油，開小火，加入薑末、番茄丁略炒，番茄丁不需要炒熟，即可起鍋，備用。

4 將餡料以鹽、糖、黑胡椒粒調味，加入芹菜末，攪拌均勻。

5 將餡料包入餃子皮即完成。

料理小叮嚀

● 番茄可以不用去皮，但是要取出番茄子，盡量除去水分。

● 番茄丁與薑末先略炒，味道才不會太生，香氣也才會出來；但不要炒得過熟、過爛，這樣比較容易包餡。

● 此道水餃的炒餡料用油，使用一般的炒菜用油即可，例如沙拉油，不必使用香油，以免搶過食材的味道。

雙花菇餃

材料（約可做70粒）

白花椰菜	300公克
綠花椰菜	300公克
新鮮香菇	300公克
薑	8公克

調味料

鹽	2小匙
糖	1小匙

做法

1 白、綠花椰菜洗淨，先分別切小朵，以加鹽滾水汆燙，起鍋放涼後，再切粒；新鮮香菇洗淨，擠乾水分，切粒；薑洗淨去皮，切末。

2 冷鍋倒入2小匙香油，開小火，加入香菇粒、薑末炒香，放涼，備用。

3 將餡料以鹽、糖調味，攪拌均勻。

4 將餡料包入餃子皮即完成。

料理小叮嚀

● 由於水餃包好餡後還會再煮過，所以白、綠花椰菜不能汆燙太久（約45秒），如果汆燙太久會失去原味、甜味。

● 新鮮香菇遇熱會縮小，刀工要切粒，與玉米粒同樣大小即可。

● 由於這道水餃的食材不易出水，不適合做蒸餃。

幸福
餃子館

Part4.  幸福餃子餐

● 鵝白菜煎餃　● 三杯餃　● 雪蓮蔓越莓煎餃　● 芝麻烤餃

● 松子香椿炒餃　● 時蔬炒餃子皮　● 栗子白果燴餃

● 芋蘋咖哩燴餃　● 紅燒湯餃　● 蓮藕昆布湯餃　● 福菜鮮筍湯餃

● 咖哩羹餃　● 青江菜蒸餃　● 莧菜蒸餃

● 雙色蒸餃　● 地瓜黑棗蒸餃　● 磨菇醬鐵板餃　● 醋溜鐵板餃

幸福
餃子餐

鵝白菜
煎餃

材料（1人份）

鵝白菜生餃..................... 10粒

（做法請參考鵝白菜餃）

麵粉水 .... 適量

（比例：麵粉1大匙、水10大匙）

做法

1 取一平底鍋，加入3大匙沙拉油，開中大火。鍋熱後，排入10粒鵝白菜生餃，將麵粉水加至餃子的一半高度。

2 蓋上鍋蓋，改以中火煎熟，約10分鐘即完成。

料理小叮嚀

● 水餃如果一餐吃不完，可以放入冰箱冷藏，隔天再做成煎餃，品嘗有別於水煮的酥脆口感。

幸福
餃子餐 ....

三杯餃

材料（1人份）

熟餃子 10粒
老薑 20公克
九層塔 30公克

調味料

黑麻油 3大匙
醬油 3大匙
水 3大匙
糖 1大匙

做法

1 老薑洗淨，切片；九層塔洗淨擦乾，備用。

2 冷鍋倒入黑麻油，開小火，爆香老薑，再加入其他的調味料一起炒香。

3 加入熟餃子拌炒均勻，最後加入九層塔略炒即完成。

料理小叮嚀

● 黑麻油要用小火炒，如果用大火炒，會產生苦味，並且容易讓身體燥熱上火。

雪蓮蔓越莓 煎餃

材料（約可做70粒）

乾雪蓮子（雞豆）......... 130公克
蔓越莓 100公克
麵粉水 .... 適量

（比例：麵粉1大匙、水10大匙）

做法

1. 乾雪蓮子洗淨，用水浸泡6小時後，倒掉洗淨，再加入300cc水，移入電鍋，外鍋加入1量米杯水，蒸熟取出，放涼，用果汁機打成濃稠狀。

2. 蔓越莓切成細粒狀。

3. 取一鍋，放入打成濃稠狀的雪蓮子，加入3大匙沙拉油，開小火，慢炒至變成豆沙，即可起鍋，放涼，再加入蔓越莓粒，攪拌均勻，備用。

4. 將餡料包入餃子皮，捏成彎月型。

5. 取一平底鍋，加入3大匙沙拉油，開中大火。鍋熱後，排入10粒餃子，將麵粉水加至餃子的一半高度。

6. 蓋上鍋蓋，改以中火煎熟，約10分鐘即完成。

料理小叮嚀

- 雪蓮子要用小火慢炒，以免炒焦。
- 因為蔓越莓本身即有甜度，因此可以不用加糖，並可依個人的喜愛、甜度做用量增減。

幸福
餃子餐 ....

芝麻烤餃

材料（約可做40粒）

豆苗豆包餡料.............. 500公克
　　（做法請參考豆苗豆包餃做法）
低筋麵粉 200公克
芝麻醬 3大匙
醬油水 .... 適量
　　（比例：醬油1小匙、水2小匙）

做法

1 取一盆，將低筋麵粉、芝麻醬、100cc水攪拌成糰，靜置20分鐘。

2 分割糰麵，每個30公克，捍為圓皮後，包入餡料，捏成三角形，表面刷醬油水，放入烤盤。

3 烤箱用180度預熱，烤25分鐘即可。

料理小叮嚀

● 由於純素不使用蛋黃，因此改刷醬油水，讓表皮上色。

● 烤盤要抹油或墊烤紙。

● 餡料可依個人喜好做改變，甜鹹口味皆適合。

松子香椿炒餃

材料（1人份）

熟餃子	12粒
松子	80公克
紅椒	15公克
黃椒	15公克
青椒	15公克

調味料

香椿醬	2大匙
糖	¼小匙
鹽	¼小匙

做法

1 紅椒、黃椒、青椒洗淨，瀝乾水分，分別切丁，備用。

2 冷鍋倒入松子，開小火炒香，以香椿醬、糖、鹽調味，加入100cc水，再加入紅椒丁、黃椒丁、青椒丁略炒，最後加入熟餃子略微拌炒即完成。

料理小叮嚀

● 餃子不要煮太爛，建議約8分熟，再下鍋拌炒，這樣的熟度會恰到好處。

● 炒餃一次炒約2人份的25粒以內最為理想。餃子數量如果太多，在鍋內不容易拌勻。

● 炒餃類的餃子，需包成長方型，較容易翻炒，也不易變形。

● 炒餃的鍋內可先多加一些水，調味後再放入餃子拌炒，較易入味。

幸福
餃子餐

時蔬
炒餃子皮

材料（1人份）

餃子皮	15片
青江菜	30公克
玉米筍	20公克
紅蘿蔔	15公克
乾黑木耳	10公克
薑	10公克

調味料

鹽	½小匙
糖	¼小匙
白胡椒粉	¼小匙

做法

1 將餃子皮捲為條狀，煮熟，盛盤淋油。

2 青江菜、玉米筍洗淨，分別切斜刀；紅蘿蔔洗淨去皮，切菱形片；乾黑木耳泡開洗淨，切菱形片；薑洗淨去皮，切片，備用。

3 冷鍋倒入1小匙香油，加入薑片、紅蘿蔔片、黑木耳片炒香，加入100cc水，以鹽、糖、白胡椒粉調味，再加入玉米筍略炒，最後加入煮熟的餃子皮、青江菜，煮至熟即完成。

料理小叮嚀

● 時蔬只要選用當季的新鮮食材3至4種即可，蔬菜配色要鮮明。例如綠色蔬菜可用蘆筍或小黃瓜，黃色蔬菜可用黃椒，紅色蔬菜可用辣椒或紅椒，白色蔬菜可用山藥。

● 盛盤淋油要用無味道的油，淋油是為了防沾黏。

栗子白果燴餃

材料（6人份）

熟餃子 .... 適量
栗子 24粒
白果 150公克
薑 15公克

調味料

鹽 1大匙
糖 3大匙
番茄醬 3大匙
黑胡椒粒 .... ¼小匙
香油 1小匙
勾芡水 .... 適量
（比例：太白粉2大匙、水6⅔大匙）

做法

1 栗子泡開，白果洗淨，分開蒸熟；薑洗淨去皮，切片，備用。

2 冷鍋倒入1大匙沙拉油，加入薑片、番茄醬炒香，再加入1800cc水，以鹽、糖、黑胡椒粒調味，放入栗子、白果略煮，接著倒入勾芡水，即可起鍋，淋上香油。

3 將熟餃子淋上栗子白果燴汁即完成。

料理小叮嚀

● 燴餃類的餃子包法，可以與炒餃一樣包長方型。

● 本道料理的燴汁為6人份，由於每人的食量不同，因此熟餃子數量可自行決定。

芋蘋咖哩燴餃

材料（6人份）

熟餃子	適量
芋頭	500公克
蘋果	200公克
新鮮香菇	100公克
紅椒	20公克
青椒	20公克

調味料

鹽	1大匙
糖	1小匙
咖哩粉	3大匙
勾芡水	適量

（比例：太白粉2大匙、水6⅔大匙）

做法

1 芋頭去皮洗淨，切小塊，蒸熟；蘋果去皮，切小塊；新鮮香菇洗淨，切小塊；紅椒、青椒洗淨去子，切菱形片，備用。

2 冷鍋倒入1大匙沙拉油，開小火，炒香香菇塊，加入1800cc水，以鹽、糖、咖哩粉調味拌勻，再加入芋頭塊略煮，最後加上蘋果塊、紅椒片、青椒片，接著倒入勾芡水即可。

3 將熟餃子淋上芋蘋咖哩燴汁即完成。

料理小叮嚀

● 芋頭不要蒸太爛。

● 完成時，蘋果仍要保有脆度。

幸福
餃子餐

紅燒湯餃

材料（6人份）

熟餃子	適量
甜豆	200公克
玉米筍	12支
山藥	300公克
番茄	300公克

調味料

滷包	1個
鹽	1小匙
糖	2小匙
醬油	3大匙
番茄醬	5大匙
辣椒醬	1大匙

做法

1 甜豆洗淨，除去粗絲；玉米筍洗淨；山藥洗淨去皮、番茄洗淨，切成塊狀，備用。

2 冷鍋倒入2大匙油，開小火，加入番茄醬、辣椒醬、100公克番茄塊略炒，再加入3000cc水、滷包，並以鹽、糖、醬油調味，煮約15分鐘，滷包味溢出後調味，約5分鐘後放入山藥塊、玉米筍，最後放200公克番茄塊、甜豆，略煮一下，取出滷包，即可起鍋。

3 取一大碗，放入熟餃子，加入紅燒湯即完成。

料理小叮嚀

● 如果不喜歡辣味，可以不加辣椒醬。

● 煮湯時，第二次放入的200公克番茄，要在最後再加入，煮時不要煮爛，這是為了增加口感，以及讓番茄能浮在湯上。

蓮藕昆布湯餃

材料 （6人份）

熟餃子	適量
蓮藕	500公克
昆布	100公克
紅棗	30粒
薑	20公克
芹菜	30公克

調味料

鹽	2大匙
糖	1大匙
香油	½小匙
白胡椒粉	¼小匙

做法

1. 蓮藕去土，用菜瓜布刷洗乾淨，切成片狀；昆布剪成小片，長2公分，寬1公分，浸泡約15分鐘，取出瀝乾水分；紅棗泡開，中間劃一刀；薑洗淨去皮，切絲；芹菜洗淨，切末，備用。

2. 取一鍋子，加入3000cc冷水，放入全部食材，用大火煮滾後，改為中火繼續煮，煮至蓮藕鬆軟，約20至30分鐘後，加入昆布再煮5分鐘，以鹽、糖、香油、白胡椒粉調味，即可起鍋。

3. 取一大碗，放入熟餃子，加入蓮藕昆布湯即完成。

料理小叮嚀

- 蓮藕可以不用去皮，用乾淨菜瓜布洗淨即可。

- 昆布不需要加太多，以免搶味。

- 煮清湯時，由於所用食材都是耐煮的，冷水時就可以下鍋。水煮滾後，改為中火，保持滾沸狀至熟。煮湯火候控制很重要，如果用大火一直滾煮，湯就會變濁；火太小，則食材味道又會煮不出來，要讓湯保持滾沸狀，煮至食材熟即可。

- 要久煮的湯，水量要加多一些，中途不再加水，以免味道不足。

幸福餃子餐

福菜鮮筍湯餃

材料 （6人份）

熟餃子	適量
福菜	200公克
竹筍	300公克
鮑魚菇	200公克
薑	10公克
乾金針	50公克

調味料

鹽	1大匙
糖	1小匙
香油	1大匙

做法

1 福菜剝開，洗淨泡水，切片。

2 竹筍剝除外殼，整顆抹鹽，放入盤中，移入電鍋，外鍋加1量米杯水，蒸熟取出，放涼，切片。

3 鮑魚菇洗淨，切片；薑洗淨去皮，切片；乾金針洗淨泡開，打結。

4 取一鍋，加入2400cc冷水，放入福菜、鮮筍片、金針、薑片煮至滾，再加入鮑魚菇片，並放入鹽、糖，煮約5分鐘，淋上香油，即可起鍋。

5 取一大碗，放入熟餃子，加入福菜鮮筍湯即完成。

咖哩羹餃

材料 （6人份）

熟餃子	適量
新鮮香菇	200公克
杏鮑菇	200公克
秀珍菇	200公克
紅蘿蔔	80公克
香菜	30公克

調味料

鹽	1大匙
糖	1小匙
咖哩粉	3公克
勾芡水	適量

（比例：太白粉3大匙、水10大匙）

做法

1 新鮮香菇、杏鮑菇、秀珍菇洗淨，擠乾水分，分別切片狀；紅蘿蔔洗淨去皮，切片；香菜洗淨，切小段備用。

2 取一鍋，加入1800cc冷水，將紅蘿蔔片煮熟，加入咖哩粉、香菇片、杏鮑菇片、秀珍菇片，煮至熟；以鹽、糖調味，接著倒入芶芡水，最後再加入香菜段攪拌，即可起鍋。

3 取一大碗，放入熟餃子，加入咖哩羹即完成。

料理小叮嚀

● 菇類的種類可以自由變化，選用2至3種都可以，但不要太多、太雜。

● 菇類食材的味道如果不過重，不用汆燙，以保留自然清香的原味。

幸福
餃子餐

青江菜
蒸餃

材料（約可做65粒）

青江菜	600公克
豆包	200公克
杏鮑菇	100公克
薑	10公克

調味料

鹽	1小匙
醬油	1小匙
糖	1小匙
白胡椒粉	¼小匙

做法

1 青江菜洗淨，以加鹽滾水汆燙，即可起鍋，放涼，切末；杏鮑菇洗淨，切小丁；薑洗淨去皮，切末。

2 豆包洗淨，瀝乾水分，切末，用鹽攪拌幾下。

3 冷鍋倒入2小匙香油，開小火，加入薑末炒香，再加入醬油、糖與杏鮑菇丁，炒至上色，即可起鍋，放涼，備用。

4 青江菜末擠乾水分，與餡料調味，加入鹽、白胡椒粉，攪拌均勻。

5 將餡料包入餃子皮即完成。

6 鍋內加入適量的水，開大火把水煮滾，將餃子排入抹油的蒸盤，放入鍋內，水滾後，蒸8分鐘即可。

莧菜蒸餃

材料（約可做60粒）

莧菜	600公克
豆包	200公克
金針菇	100公克
薑	10公克
紅蘿蔔	30公克

調味料

糖	1小匙
白胡椒粉	¼小匙

做法

1 莧菜除去根部，洗淨，切0.5公分段，用鹽軟化去水。

2 豆包洗淨，瀝乾水分，切末，用鹽攪拌幾下。

3 金針菇洗淨，除去尾部，切末；薑洗淨去皮，切末；紅蘿蔔洗淨去皮，切末。

4 冷鍋倒入2小匙香油，開小火，加入金針菇末、薑末、紅蘿蔔末炒香，放涼，備用。

5 莧菜擠乾水分，與其他餡料一起調味，加入糖、白胡椒粉，攪拌均勻。

6 將餡料包入餃子皮即完成。

7 鍋內加入適量的水，開大火把水煮滾，將餃子排入抹油的蒸盤，放入鍋內，水滾後，蒸8分鐘即可。

料理小叮嚀

● 莧菜用鹽軟化去水後會縮水，刀工不需要切太小段，會影響口感。

雙色蒸餃

材料（約可做70粒）

豆薯	400公克
紅蘿蔔	200公克
柳松菇	200公克
薑	10公克

調味料

鹽	1小匙
糖	½小匙

做法

1 豆薯、紅蘿蔔洗淨去皮，切小丁；柳松菇洗淨，擠乾水分，切小丁；薑洗淨去皮，切末。

2 冷鍋倒入2小匙香油，開小火，加入紅蘿蔔丁、薑末炒香，再加入柳松菇丁略炒，即可起鍋，放涼，備用。

3 將豆薯丁與其他餡料一起調味，加入鹽、糖，攪拌均勻。

4 將餡料包入餃子皮即完成。

5 鍋內加入適量的水，開大火把水煮滾，將餃子排入抹油的蒸盤，放入鍋內，水滾後，蒸8分鐘即可。

料理小叮嚀

● 豆薯不需要先炒過，炒過再蒸，甜味會消失。

地瓜黑棗蒸餃

材料（約可做30粒）

黃地瓜	280公克
黑棗	50公克
薑	5公克

調味料

沙拉油	2大匙
太白粉	15公克
玉米粉	15公克

做法

1 黃地瓜去皮，切薄片；黑棗洗淨去子，切末；薑洗淨去皮，切末。

2 將黃地瓜片放入電鍋，外鍋加1量米杯水蒸熟。

3 將熟黃地瓜片加入薑末、黑棗末盛入盤中，趁熱壓泥，加入所有調味料拌勻，再放入電鍋蒸，外鍋加入0.5量米杯水，蒸熟取出，放涼，備用。

4 將餡料包入餃子皮即完成。

5 鍋內加入適量的水，開大火把水煮滾，將餃子排入抹油的蒸盤，放入鍋內，水滾後，蒸8分鐘即可。

料理小叮嚀

● 地瓜切薄片，較容易蒸熟。

磨菇醬
鐵板餃

材料（1人份）

熟餃子 8粒
綠花椰菜 2朵

調味料

磨菇醬 .... 適量

做法

1 綠花椰菜洗淨，以加鹽滾水汆燙，備用。

2 鐵板燒熱，加入綠花椰菜與8粒熟餃子，淋上磨菇醬醬汁即完成。

料理小叮嚀

● 提供黑胡椒醬、磨菇醬兩款不同醬汁，大家可以自由選擇喜愛的口味。

DIY 磨菇醬

■ 材料

磨菇100公克、薑5公克、番茄2粒、番茄醬5大匙、糖1大匙、黑胡椒粒1小匙、勾芡水適量（比例：太白粉2大匙、水5⅓大匙）

■ 做法

1. 磨菇洗淨，瀝乾切片；薑洗淨去皮，切末；番茄洗淨，切小丁。

2. 冷鍋倒入1大匙沙拉油，開小火，加入薑末、番茄醬、番茄丁、磨菇片炒熟，再加入1000cc水、糖、黑胡椒粒調味，煮滾後，用勾芡水勾濃芡。

DIY 黑胡椒醬

■ 材料

番茄醬3大匙、素蠔油5大匙、黑胡椒粒3大匙、勾芡水適量（比例：太白粉2大匙、水5⅓大匙）

■ 做法

冷鍋倒入1大匙沙拉油，開小火，加入番茄醬略炒，再加入1000cc水、素蠔油、黑胡椒粒，煮滾後，用勾芡水勾濃芡。

醋溜
鐵板餃

材料（1人份）

熟餃子	8粒
白菜梗	50公克
紅蘿蔔	30公克
黃椒	30公克
芹菜	20公克
薑	10公克

調味料

醬油	5大匙
烏醋	3大匙
鹽	2小匙
糖	1小匙
勾芡水	適量

（比例：太白粉2大匙、水5⅓大匙）

做法

1. 白菜梗、紅蘿蔔、黃椒、芹菜、薑洗淨，切絲，備用。

2. 冷鍋倒入1大匙沙拉油，開小火，加入薑絲、白菜梗絲、紅蘿蔔絲炒香，再加入1000cc水，以醬油、鹽、糖調味。煮開後，放入芹菜絲，再加烏醋，最後用勾芡水勾濃芡。

3. 鐵板燒熱，抹上沙拉油後，加入熟水餃，並淋上醋溜汁即可。

料理小叮嚀

- 在瓦斯爐上燒熱鐵板時，要抹上沙拉油，才會有嘶嘶作響的效果。燒熱鐵板所需時間，要視鐵板大小而定，通常約7分鐘即可。加熱時間愈久，湯汁冒泡時間愈長。

- 鐵板餃宜趁熱食用。

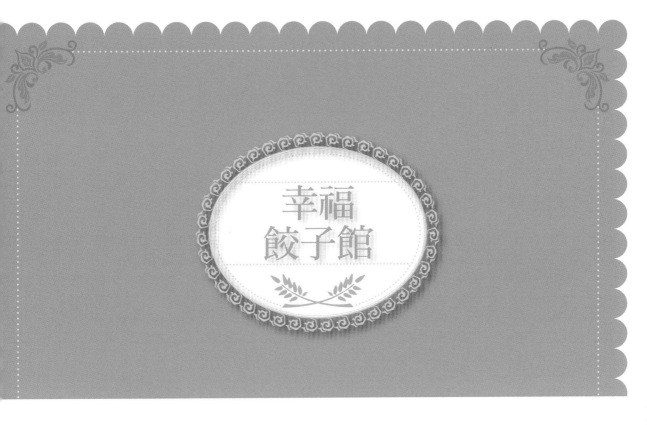

幸福
餃子館

Part5. 美味沾醬

中式沾醬

【處理沾醬要領】

調製醬料有兩大原則：宜稀不宜稠，宜鹹不宜甜。這是由於餃子皮光滑，加上餡料緊黏，所以沾醬要稀，不能黏稠，口感才佳。甜味沾醬多吃易膩，因此餃子沾醬要用鹹味。

在調製醬料時，遇到選用豆腐乳、細味噌時，由於不同廠牌的鹹淡度不同，糖分要做增減。

在處理新鮮葉菜時，要洗淨擦乾菜葉，切末時，砧板、刀子都要用乾淨抹布或餐巾紙擦乾，菜葉才不會看起來又濕又黑，讓人失去食欲。例如需留意香菜的菜葉容易變黑的問題。

傳統中式醬

材料 醬油1大匙、糖½小匙、烏醋1小匙、香油¼小匙、香菜末1小匙

做法 將所有材料拌勻即可。

適合用途 燙青菜、水餃、火鍋

● 香菜也可以改用其他新鮮葉菜類，例如：芹菜葉、香椿葉、紫蘇葉⋯⋯等。

五味醬

材料 薑泥1大匙、糖½小匙、烏醋1大匙、醬油膏½小匙、番茄醬1大匙、香菜末1小匙、香油¼小匙

做法 將所有材料拌勻即可。

適合用途 燙青菜、燙菇類、水餃、火鍋、涼麵

苦茶油醬

材料 苦茶油200cc、老薑90公克、醬油膏200cc

做法 1 老薑洗淨去皮，切小丁。

2 冷鍋倒入苦茶油，開小火，加入老薑丁，炒至微焦黃，關火。

3 起鍋前，以醬油膏調味即可。

適合用途 燙青菜、水餃、拌麵線

● 要用老薑才有味道，不能選用嫩薑。

豆腐乳醬

材料 豆腐乳1塊（11公克）、糖¼小匙、香油¼小匙

做法 用10cc冷開水將豆腐乳調開，再加入糖、香油拌勻即可。

適合用途 燙青菜、水餃、火鍋

樹子醬

材料 樹子1大匙、薄鹽醬油1大匙、糖½小匙、香油¼小匙、辣椒末少許

做法 1 用手除去樹子的子，將果肉切末。
2 將樹子末與其他材料一起拌勻即可。

適合用途 燙青菜、水餃、火鍋

● 如果沒有薄鹽醬油，也可使用一般醬油與冷開水，依比例2：1調製。

麻辣醬

材料 香油5大匙、花椒粒2大匙、辣椒末2大匙、白胡椒粉1小匙、醬油1大匙、糖½小匙

做法 1 冷鍋倒入香油，開小火，把花椒粒炒香後撈起，加入辣椒末略炒，關火。
2 起鍋前，以醬油、白胡椒粉調味即可。

適合用途 水餃、火鍋、醃料（大白菜、高麗菜）

桂花醬

材料 鹹桂花醬2大匙、糖½小匙、葡萄子油¼小匙

做法 鹹桂花醬先用80cc冷開水稀釋鹹度，再加入糖、葡萄子油拌勻即可。

適合用途 燙青菜、水餃

日式沾醬

和風醬

材料 薄鹽醬油3大匙、糖½小匙、檸檬汁1小匙、
葡萄子油¼小匙

做法 將所有材料拌勻即可。

適合用途 燙青菜、水餃、火鍋

梅子醬

材料 紫蘇梅5大匙、嫩薑絲10公克、醬油2小匙、
葡萄子油¼小匙

做法 1 用手剝去紫蘇梅的子，留下梅肉。

2 鍋內加入100cc水，加入梅肉略煮後，以醬
油調味。

3 起鍋前，加入嫩薑絲、葡萄子油拌勻即可。

適合用途 涼麵、水餃、火鍋

味噌醬

材料 細味噌3大匙、糖1小匙、糯米醋1小匙

做法 細味噌先用20cc冷開水稀釋，再加入其他材
料一起拌勻即可。

適合用途 燙青菜、水餃、火鍋

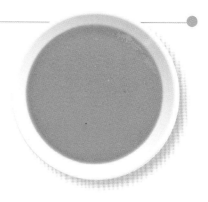

芝麻醬

材料 白芝麻6大匙、醬油1大匙、糖1大匙、糯米醋1大匙

做法 芝麻醬用100cc熱開水拌勻，使醬汁變稀，再加入其他材料一起拌勻即可。

適合用途 水餃、火鍋

海苔醬

材料 海苔片5公克、檸檬汁1小匙、薑泥½小匙、香油¼小匙、醬油1小匙、糖1小匙

做法 海苔剪片，用30cc冷開水泡軟，再加入其他材料一起拌勻即可。

適合用途 水餃、火鍋

薑汁醬

材料 嫩薑汁1小匙、醬油1大匙、糖½小匙、糯米醋½小匙

做法 將所有材料拌勻即可。

適合用途 燙青菜、燙菇類

義式沾醬

義式醬

材料 番茄醬 6 大匙、檸檬汁 2 大匙、糖 1 大匙、橄欖
油 4 大匙、黑胡椒粒 1 大匙、九層塔末 1 小匙

做法 將所有材料拌勻即可。

適合用途 水餃、涼麵、生菜沙拉

● 九層塔也可選其他新鮮香草，例如：薄荷、巴西利
……等。

番茄柚香醬

材料 葡萄柚汁6大匙、檸檬汁1大匙、番茄醬2大匙、
黑胡椒粒1大匙、糖1大匙、橄欖油2大匙、九層
塔末1小匙

做法 將所有材料拌勻即可。

適合用途 水餃、涼麵、生菜沙拉

法式 & 泰式沾醬

法式醬

材料 薄鹽醬油1大匙、葡萄醋2大匙、橄欖油3大匙、黑胡椒粒1大匙、九層塔末1小匙

做法 將所有材料拌勻即可。

適合用途 水餃、涼麵、生菜沙拉

泰式醬

材料 嫩薑1小匙、小辣椒1支、薄鹽醬油1大匙、檸檬汁2小匙、糖2小匙、葡萄子油¼小匙

做法 1 嫩薑洗淨擦乾，磨成泥；小辣椒洗淨擦乾，切細末。
2 將嫩薑與小辣椒末加入其他材料一起拌勻即可。

適合用途 水餃、涼麵、生菜沙拉

禪味
廚房 ③

幸福餃子館

國家圖書館出版品預行編目資料

幸福餃子館 / 張翡珊著 . —— 初版 . —— 臺北市：
法鼓文化, 2011. 01
面； 公分
ISBN 978-957-598-546-2（平裝）

1.素食食譜　2.麵食食譜

427.31　　　　　　　　　　　　　　99024379

作者／張翡珊

攝影／周禎和

出版／法鼓文化

總監／釋果賢

總編輯／陳重光

編輯／張晴、李金瑛

美術編輯／周家瑤

地址／臺北市北投區公館路186號5樓

電話／(02)2893-4646

傳真／(02)2896-0731

網址／http://www.ddc.com.tw

E-mail／market@ddc.com.tw

讀者服務專線／(02)2896-1600

初版一刷／2011年1月

初版四刷／2015年10月

建議售價／新臺幣300元

郵撥帳號／50013371

戶名／財團法人法鼓山文教基金會－法鼓文化

北美經銷處／紐約東初禪寺

Chan Meditation Center (New York, USA)

Tel／(718)592-6593

Fax／(718)592-0717

法鼓素食主張

【純素料理】
不含蛋奶，回歸素食原點。

【環保料理】
在地天然食材，環保愛地球。

【健康料理】
少油、少鹽、少糖、少負擔。

【惜福料理】
善用食材，感恩涓滴得來不易。

http://www.ddc.com.tw
完整提供聖嚴法師的著作，以
及各種正信、專業的佛教書
籍、影音產品、生活類用品。

心靈
書店

Joy Dumpling House

法鼓文化
http://www.ddc.com.tw
ISBN 978-957-598-546-2
00300
9 789575 985462

什麼是幸福？
全家一起包餃子、吃餃子，就是一種幸福！

《幸福餃子館》針對現代家庭的需求，以天然食材結合簡易做法，
讓全家人吃得健康、吃得開心。
從簡單原味的茭白筍餃、龍鬚菜餃、芥蘭菜餃……，
到創意多變的醋溜鐵板餃、三杯餃、芝麻烤餃、雙色蒸餃、炒餃子皮……，
16種餃子皮、17種沾醬、45道美味餃子料理，口口都是幸福好滋味！

作者張翡珊傾囊相授近二十年的專業廚藝，
從做麵糰到料理餃子，完整分享餃子達人的烹飪絕技，讓你家成為「幸福餃子館」！